动物世界

撰文/吴逸华　巫红霏　　审订/李玲玲

中国盲文出版社

怎样使用《新视野学习百科》？

> 请带着好奇、快乐的心情，展开一趟丰富、有趣的学习旅程！

1 开始正式进入本书之前，请先戴上神奇的思考帽，从书名想一想，这本书可能会说些什么呢？

2 神奇的思考帽一共有 6 顶，每次戴上一顶，并根据帽子下的指示来动动脑。

3 接下来，进入目录，浏览一下，看看这本书的结构是什么，可以帮助你建立整体的概念。

4 现在，开始正式进行这本书的探索啰！本书共 14 个单元，循序渐进，系统地说明本书主要知识。

5 英语关键词：选取在日常生活中实用的相关英语单词，让你随时可以秀一下，也可以帮助上网找资料。

6 新视野学习单：各式各样的题目设计，帮助加深学习效果。

7 我想知道……：这本书也可以倒过来读呢！你可以从最后这个单元的各种问题，来学习本书的各种知识，让阅读和学习更有变化！

神奇的思考帽

客观地想一想

用直觉想一想

想一想优点

想一想缺点

想得越有创意越好

综合起来想一想

? 你看过多少种动物？它们各是哪种动物？

? 你认为什么动物最有用？

? 把动物分类有什么好处？

? 你最讨厌什么动物？为什么？

? 如果你可以自由组合一种动物，你认为什么样的动物最强大？

? 人也是动物的一种，你和其他动物有什么共同点？什么地方不一样？

目录

神奇的思考帽

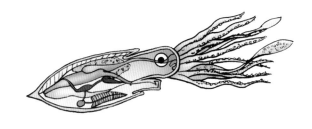

动物和植物　06

生物分类系统　08

多样的动物世界　10

海绵动物和腔肠动物　12

扁形动物和环节动物　14

软体动物　16

节肢动物　18

棘皮动物　20

鱼类　22

两栖类　24

爬行类　26

鸟类　28

哺乳类　30

新种的发现与鉴定　32

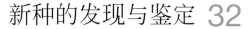

CONTENTS

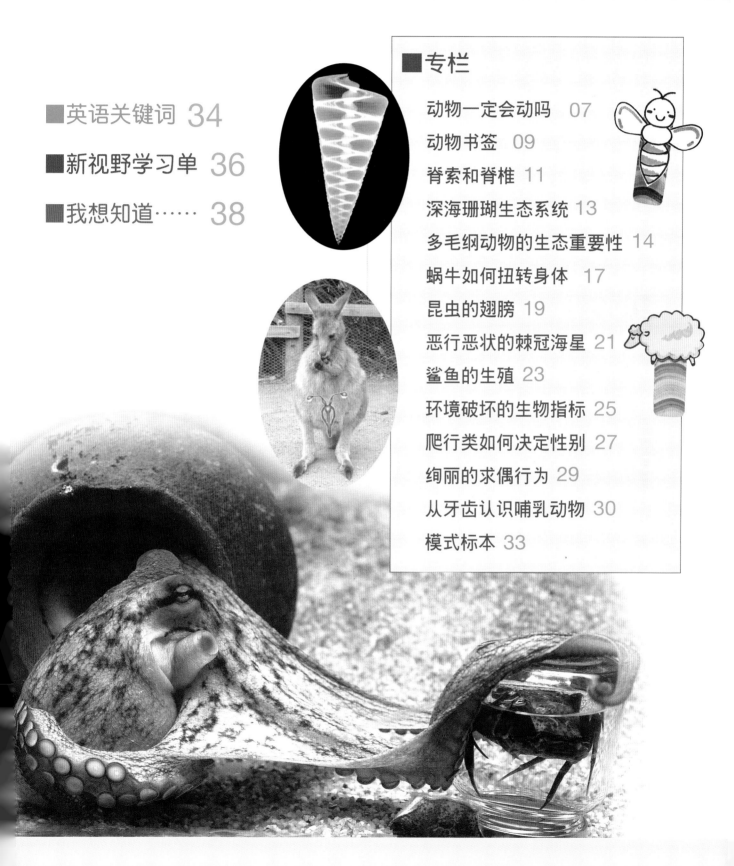

■英语关键词 34

■新视野学习单 36

■我想知道…… 38

■专栏

动物一定会动吗 07

动物书签 09

脊索和脊椎 11

深海珊瑚生态系统 13

多毛纲动物的生态重要性 14

蜗牛如何扭转身体 17

昆虫的翅膀 19

恶行恶状的棘冠海星 21

鲨鱼的生殖 23

环境破坏的生物指标 25

爬行类如何决定性别 27

绚丽的求偶行为 29

从牙齿认识哺乳动物 30

模式标本 33

动物和植物

（羚羊以灌木丛上的枝叶为食）

地球上的生物分为五界，动物和植物的生物量远超过其他生物，是最受瞩目的两界，彼此间的关系也更为密切。

地球生物圈

除人类之外，地球还有许多形形色色的生物，存活在各类生态系统中。其中，有运动能力、进行异养生活的多细胞生物，统称为动物，在分类上属于"动物界"；至于没有移动能

根据历史和生态因素，全世界可大致分为六大动物地理分区，每个区域的动物组成各有特色。（图片提供/维基百科）

新北区　古北区　东洋区　埃塞俄比亚　新热带区　澳大利亚区

力、大部分存活在陆地上、可以自己供应营养的多细胞生物，则叫作植物，在分类上属于"植物界"；再加上"原核生物界"、"原生生物界"和"菌物界"，一起构成地球上缤纷多样的生物圈。

会动会吃的动物

动物以取食其他生物为生，为了从环境中获得食物，动物的体内多半有神经组织，用来接受、处理、传达各种环

大型哺乳动物是人们最熟悉的动物，能够自由移动，并以动植物为食。（图片提供/达志影像）

境的刺激，再利用肌肉组织的收缩和舒张，让身体移动。例如章鱼、鸟类以视觉搜索猎物，老鼠用大脑判断迷宫出口，我们的手碰到滚烫的热水会自动缩回，这些都是神经组

动物具有神经细胞，用来传达信息。高等鱼类已出现由神经细胞聚集成的神经系统，可处理复杂的行为。（图片提供/达志影像）

织和肌肉组织配合，形成动物会活动的特性。

由于动物细胞不具有叶绿素，无法进行光合作用自行制造营养，因此必须从外界捕食。每种动物的食物不同，不论是活的动植物，还是动植物的尸体和动物的粪便等，都能成为动物的养分。

动物能够自由移动，可以适应天上、地下、水中各种不同环境，就算高山、深海、沙漠等恶劣环境，都能发现动物的行踪；至于植物，除了少数水生植物，大多数只能生活在陆地。

动物一定会动吗

所谓的动物通常是指"会吃"、"会动"的生物，不过有些动物虽然不会移动，却是不折不扣的动物。进行固着生活的常见动物有海绵、珊瑚、藤壶、海百合、海鞘等。其中，珊瑚、藤壶等动物虽然固着在海底，但能靠触手捕捉海中的食物；海绵、海鞘等滤食海中的食物，外表看起来完全不像动物，但是它们的幼体却能在海中游泳、摄食，成体才进行固着生活。

生活在热带珊瑚礁区的海绵、珊瑚和海百合看起来很像植物，其实是进行固着生活的海洋动物。

互相依赖的动植物

动物、植物虽然差别很大，但若没有对方，彼此的生活都将困难重重。少了植物，鸟类无法筑巢，昆虫找不到遮蔽物躲避天敌，牛、羊、马更是没有食物可吃；而如果动物消失了，许多植物将不能繁殖，或是无法扩展生存空间。在生态系统中，许多动物和植物共生共存。

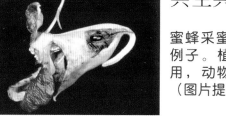

蜜蜂采蜜是动植物互相依赖的例子。植物分泌花蜜供动物食用，动物则为植物传播花粉。（图片提供/达志影像）

生物分类系统

（同种动物能够自由交配）

动物的种类繁多，人们难以一一认识，但将相似的物种归类后，我们便对每种动物有了基本的认识。

种是最小的分类单位

动物界是生物圈中最大的一界，已鉴定出的物种约有150万种，第二大的植物界则约有30万种，种数最少的原核生物界虽然只有4,000种，但个体数却最多。你发现了吗？不管统计哪一类生物，种是最基本的单位。

生命是复杂而多样的，每一个个体都不相同。所谓的"种"，是指在自然状况下可以交配，并产下有繁殖能力后代的个体。以狗为例，虽然有许多不同的品种，外形差异也很大，但都能够互相交

动物分类有界、门、纲、目、科、属、种共7个层级，愈高层级包含的动物种类愈多。（制图/陈淑敏）

配，因此全世界的狗都是同一种。

许多动物可以经由人工配种，例如母马和公驴杂交，生出骡子，由于骡子

全世界的狗约有100多个品种，全属于同一种，它们的祖先都是灰狼。（图片提供/达志影像）

没有生殖能力，因此马和驴并不是同种动物。此外，在自然界中，许多动物由于不同的行为，没有交配的机会，但却可以在人工环境中交配繁殖，科学家通常也会将它们定为不同种，例如果蝇是以振翅频率作为种内辨识的，不同种的果蝇振翅频率不同，在自然环境下就不会交配。

果蝇是遗传研究的材料，科学家发现果蝇是以振动翅膀来求偶。（图片提供/达志影像）

动物书签

这么多动物你喜欢哪一种？用你喜欢的动物当书签，能让读书更有趣，你还可以根据心情换上不同的动物。材料：软吸铁、卡纸、双面胶、白乳胶、彩色笔、剪刀。

（制作/林慧贞）

1. 将卡纸剪成长条状对折，再剪两块面积比卡纸小一点的软吸铁。
2. 用双面胶将软吸铁分别粘在卡纸内侧。
3. 卡纸外侧画上图案，并粘上一小块软吸铁。
4. 剪下各种不同的动物图案，每个背面都粘上一小块软吸铁，就成为可替换图案的动物书签了！

分类层级

除了知道哪些动物是同种，将相似的物种分门别类地区分出来，也有助于了解动物的共同特征。分类最好的方式是以动物的亲缘关系来区分，但由于进化证据不易取得，现在的动物分类大多是根据形态，不过随着基因分子技术的进步，DNA序列也成为研究物种间亲缘关系的工具。

物种的分类关系由近到远可以分为"种"、"属"、"科"、"目"、"纲"、"门"、"界"7个层级。此外，在同一层级的分类中，某几类可合并为"总纲"、"总目"等，而同一层级下还可分成好几个子层级，如"亚种"、"亚门"等。

马、人和鸟类都属于"四足总纲"。马有4只脚，人的手和鸟类的翅膀都由前肢特化而来。（图片提供/达志影像）

多样的动物世界

（红毛猩猩，摄影/巫红霏）

从肉眼看不到的浮游动物，到体长达30米的蓝鲸；由构造简单的海绵，到身体细胞分工复杂的哺乳动物，动物界中的成员包罗万象。

蓝鲸是最大的动物，体长可达30米，喷出的水柱达9米。（图片提供/维基百科，摄影/Fred Benko）

动物界中重要的门

动物界中已知的物种有150多万种，分属于35门、70多纲、350目，其中种数超过5,000种的门有多孔动物（海绵）、腔肠动物（水母、珊瑚）、扁形动物（涡虫）、线形动物（蛔虫）、环节动物（蚯蚓）、节肢动物（昆虫）、软体动物（蜗牛）、棘皮动物（海星）、脊索动物（鱼、蛙、爬行类、鸟类和哺乳类）等10门。

动物的进化顺序是由简单到复杂，由海洋到陆地。多孔动物只有简单的细胞分化，被认为是最原始的多细胞动物，6亿年前出现在古生代的海洋中，至今没有多少改变；脊索动物门的动物具有脊索和神经管，构造复杂，4.5亿年前出现在海中，现在已进化出各种不同生活形态的物种。棘皮动物的构造较软体动物、节肢

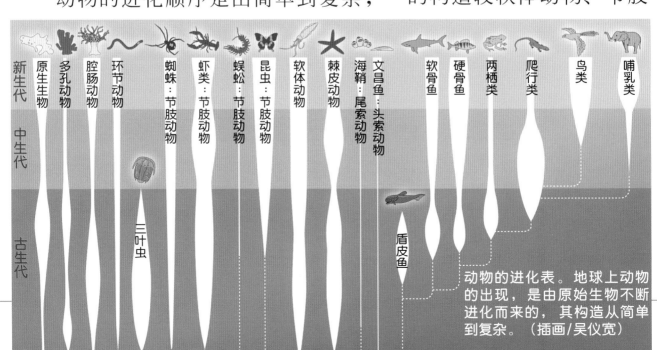

动物的进化表。地球上动物的出现，是由原始生物不断进化而来的，其构造从简单到复杂。（插画/吴仪宽）

动物等简单，但在分类系统中却是较高等的动物，仅次于脊索动物。这是因为科学家相信，脊索动物是由棘皮动物进化而来的。

脊椎有无大不同

脊椎动物是脊索动物门中最重要的一个亚门，也是一般人较了解的一群动物，其实脊椎动物只有4万多种，个体数也远不如无脊椎动物。不过，由于脊椎动物的体型较大，具有头部和中央神经系统，能够接受环境刺激，做出适当反应，因此可以分布在陆海空等不同的环境，且占有较大的栖地，并影响生态系统。

现生的脊椎动物亚门中，主要分为圆口纲、鱼纲、软骨鱼纲、硬骨鱼纲、两栖纲、爬行纲、鸟纲和哺乳纲。圆口纲、软

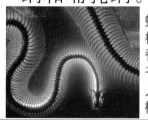

蛇类具有很长的脊柱，由100—400个脊椎骨组成，有利于弯曲身体运动，人类则只有33个脊椎骨。

脊索和脊椎

脊索动物门中有3个亚门：尾索动物、头索动物和脊椎动物。本门的动物在生活史中会出现脊索，它是动物背部一条纵行构造，可用于支撑身体，此外，还会出现背神经管和咽鳃裂（脊椎动物的胚胎初期具咽鳃裂）。最常见的尾索动物是海鞘，只有在幼体时具有脊索，多半生活在海中；头索动物的脊索特别长，一直延伸到头部，代表动物为生活在浅海的文昌鱼；脊椎动物只有在胚胎时期具有脊索，成长之后就被骨质的脊椎取代。

人类和其他脊椎动物一样具有骨质的脊椎，它不仅可以支撑身体，还能保护内部的中央神经管。由于神经系统发达，让脊椎动物能够处理从环境传来的大量信息。

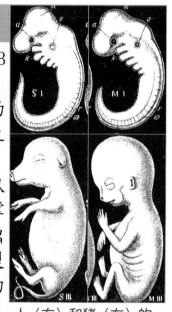

人（右）和猪（左）的胚胎。脊椎动物的胚胎早期都非常相似，背部具有脊索，头部则有咽鳃裂。（图片提供/达志影像）

骨鱼纲和硬骨鱼纲主要生活在海水或淡水；水陆两栖的两栖纲，生活史中有部分在水中，部分在陆地上；而爬行纲、哺乳纲则主要出现在陆地，有少数种类能在水域生活；至于鸟类除了在陆上活动，还能够飞上天空。

头索动物亚门的文昌鱼，脊索由头延伸到尾部，进化上介于无脊椎和脊椎动物之间。（图片提供/维基百科，摄影/Hans Hillewaert）

（软珊瑚）

海绵动物和腔肠动物

色彩缤纷的珊瑚礁，是海洋中生机最蓬勃的花园。腔肠动物是珊瑚礁生态系统的主角，此外，海绵也是维护海底花园水质的重要角色呢！

清洁大师——海绵动物

多孔动物门的动物又称为海绵，已知约有5,000种，大多生活在海中，只有少数生活在淡水。海绵的构造原始而简单，身体中空，而密布在体壁上的细孔，正是海绵赖以为生的"鼻子"和"嘴巴"，当海水流过这些细孔时，氧气和食物被细胞吸收，过滤后的海

海绵以过滤海水中的有机物为食，身体没有明显的前后区分，也没有特化的组织构造，最大约可以长到1米。

生活在热带海域的海绵和腔肠动物。（插画/张启璀）

水母是在海中漂游的腔肠动物。

腔肠动物的构造简单，触手位于口的周围，细胞中的空腔便是消化道。

生殖腺

腔肠

触手

腕

口

栉水母没有刺细胞，科学家将它由腔肠动物门中独立出来，自成一门。

珊瑚是聚集生长的腔肠动物，会分泌坚硬的骨骼。

女魔海葵

梅干花海葵

出水孔

入水孔

藻细胞

海绵是构造最简单的多细胞动物。

海绵腔　骨针

水则由顶端的出水孔排出。

生物学家估计，海绵要过滤1吨的海水，才会长大28克。因此海绵就像海洋的吸尘器，能维持海水清洁。浴用海绵的体壁，具有类似骨骼功能的海绵丝，柔软而有弹性，可容纳比体积多25倍以上的水，因此海绵常被大量捞取，用来刷洗或沐浴。

花朵般的腔肠动物

　　珊瑚、海葵、水母和水螅等都属于腔肠动物，全世界已知的种数约有1万种，此类动物的身体因具有可消化食物的袋状空腔而得名。珊瑚、海葵、水母只分布在海中，水螅则有部分出现在淡水。腔肠的开口有一圈有如花瓣的触手，当触手上的刺细胞受食物刺激时，会弹出刺丝，将猎物缠绕毒死后，再将食物送入腔肠内分解吸收。由于拥有独特的刺细胞，所以腔肠动物又称为刺胞动物。

　　珊瑚和海葵的颜色亮丽，且具有如花瓣的触手，因此有"花虫"的称号。珊瑚的体色主要来自体内共生藻的色素，共生藻将光合作用产生的营养当作"房租"，腔肠动物则提供身体作为共生藻的居所。

　　腔肠动物中群体生活的石珊瑚，会分泌石灰质骨骼，形成珊瑚礁。由于共生藻以及在珊瑚礁上生长的藻类，能提供其他生物丰富的食物，再加上珊瑚礁复杂的立体结构，因此它是海洋生物居住、繁殖、躲避天敌的最好场所。

海葵是海中的掠食者，以触手捕捉鱼和小型无脊椎动物。主要进行固着生活，附着的基盘在必要时也可以缓慢移动。

深海珊瑚生态系统

　　近年来，生物学家陆续在新西兰、阿拉斯加、挪威、日本等高纬度国家的海域，发现了深海珊瑚和海绵，这打破了珊瑚只生长在热带浅水海域的旧认知！在深达3,500米的海底，曾发现超过1,000年的深海珊瑚。由于底拖渔业、钻探石油等活动，使这些动物遭受严重损害，因此，2004年来自69个国家、超过1,000名科学家联署提案，提醒人们即刻保护深海珊瑚生态系统的重要性。

绿水螅是生活在淡水的腔肠动物，可附着在水草上。除了有性生殖，在营养丰富时，它还可以进行出芽生殖。（图片提供/达志影像）

水母收缩肌肉，让体内的水喷出，利用反作用力在海中运动。

扁形动物和环节动物

（蚯蚓交配，图片提供/维基百科）

扁形动物和环节动物，分别代表了动物进化的两大里程碑。扁形动物有了明显的头部，开始主动游泳和爬行；至于身体开始分节的环节动物，一段段的体节让运动更敏捷，更容易觅食。

涡虫身体扁平，头部有明显的眼，身体中间还有咽和口等构造，比腔肠动物更为进化。（图片提供/达志影像）

身体扁平的扁形动物

扁形动物的身体扁平，全世界约有1.5万种。薄薄的身体让扁形动物可以直接由体表获得氧，而体内的废物也能以扩散的方式排出。虽然扁形动物没有特化的呼吸、循环系统，却是最早拥有肌肉、神经、消化系统的动物，尤其是视觉和嗅觉神经集中于头部，这种"头化"现象使它们有较敏锐的搜索与反应能力。

多毛纲动物的生态重要性

对许多人来说，多毛纲是一群很不熟悉的动物，但它们却在海洋生态系统中扮演着重要的角色。多毛纲动物广泛分布在河口、沙地、泥滩、珊瑚礁，甚至能生活在远洋。在湿地生态系统中，多毛纲动物是水鸟主要的食物，许多鹬鸻鸟科鸟类的长嘴喙，就是用来捕食泥滩里的多毛纲动物；海洋生态

管虫是多毛类的环节动物，生活在唾液和泥沙组成的管中，露出头部周围的触手来捕捉食物。（图片提供/达志影像）

系统中，多毛纲动物也是食物链的重要环节，许多鱼类和无脊椎动物都以它们为主要食物来源。除了扮演各个生态系统中不可或缺的角色外，多毛纲生物还是良好环境的指标生物，当一些耐污染的多毛纲动物(小头虫属与奇异稚齿虫属)出现时，就表示水域已经受到某种程度的污染了。

人们最熟悉的扁形动物应该是淡水涡虫，由于无性生殖（再生）能力强，常成为生物实验的材料。不过，大多数的涡虫生活在海中，叶片状的身体游动时非常美丽，所以涡虫也有"海蝴蝶"的雅号。提到对人类影响最大的扁形动物，应该是寄生在各类动物身上的吸虫和绦虫。尤其是各类血吸虫，感染地区超过70个国家，总感染人数高达2亿。血吸虫病是世界卫生组织认定的六大热带疾病之一。

中古时代，人们认为高血压是因为体内血液过多，因此医生以水蛭来帮病人放血。水蛭和蚯蚓都属于贫毛类。（图片提供/达志影像）

有环有节的环节动物

看到蚯蚓，大家立刻就能明白环节动物名称的由来，即身体有明显的体环和分节。环节动物的体环往内延伸成

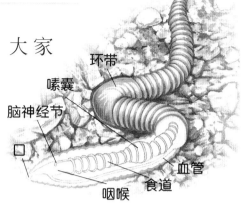

环带　嗉囊　脑神经节　口　咽喉　食道　血管

蚯蚓是贫毛类的环节动物，身体由许多体节构成。（插画/张启璀）

隔膜，将身体分成很多体节，而每个封闭的体节内，都有由体液、环形肌肉、纵向肌肉组成的"液压骨骼"。液压骨骼可以分节收缩、伸展，让环节动物能在柔软的泥沙底质中爬行、在水中游泳，或过着穴居生活。

全世界的环节动物约有1.3万种，主要种类有蚯蚓、水蛭，以及俗称海虫的沙蚕。蚯蚓以泥土中的腐植质为食，可改善土质；水蛭又称蚂蟥，古代人们常用它来帮人吸取疮内脓血；多毛纲动物的形态变化大，自由爬行的沙蚕看起来像海底的毛毛虫，而旋鳃虫固着在海底，以羽状鳃过滤海中的食物。

左图：沙蚕常出现在潮间带，是蛋白质含量高的环节动物，可作为鱼虾养殖时的天然饵料。（图片提供/维基百科）

右图：生活在珊瑚礁中的旋鳃虫属于多毛类，鳃冠上的鳃丝排列成螺旋形，因此又被称为海中的圣诞树。

（头足类活化石——鹦鹉螺）

单元6

软体动物

背着房子慢慢爬的蜗牛、躲在硬壳里的蛤蜊，以及身体柔软的章鱼、乌贼，这些看起来大不相同的动物，都属于动物界中的软体动物。

蛤蜊的斧足可用来挖掘泥沙，并将身体潜入地下，只有水管露出，过滤水中的有机物。（图片提供/达志影像）

分类靠足与壳

软体动物是动物界中第二大门，已知的种数超过10万种，具有柔软不分节的身体，主要构造有运动用的足、存放各种器官的内脏团，以及保护内脏团的外套膜。其中外套膜能分泌碳酸钙，组成坚硬的外壳，用来保护柔软的身体。

软体动物家族的形态变异很大，主要的分类依据是它们的足。蜗牛、螺的足位于腹部，都属于"腹足纲"，蜗牛生活在陆地，而螺则生活在水中；蛤类身上的足呈斧状，属于"斧足纲"，能在沙中移动、挖掘，可分布在淡水或海水中；软体动物中最奇特的就是章鱼、

海蛞蝓是生活在海中的腹足纲动物，身上的壳已退化，以体色或体内毒素进行自我防卫。

乌贼等"头足纲"动物，它们的足移到身体顶端，形成外观明显的触手，有些则特化成藏在触手基部的漏斗，能转动喷水，像是喷射引擎般让身体快速前进。

除了足，软体动物的壳也是分类的重点。蜗牛和螺具有螺旋状的外壳，可随着成长而变大；至于外号无壳蜗牛的蛞蝓和海蛞蝓（又名海兔），舍弃了壳的保护之后，反而能更敏捷地逃离危险。蛤类具有两片贝壳，可闭合保护身体，因此又称为双壳类。乌贼的外壳完全退化，但体内还有石灰质的内壳，可用于调节身体的浮力；章鱼虽然没有内外壳，却是海中威力十足的捕食者。

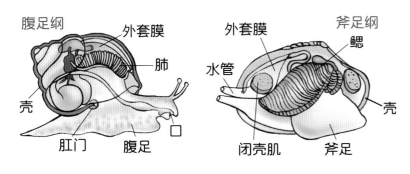

腹足纲　外套膜　肺　壳　肛门　腹足

外套膜　斧足纲　鳃　水管　壳　闭壳肌　斧足

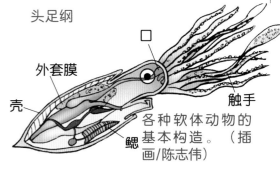

头足纲　外套膜　壳　触手　鳃

各种软体动物的基本构造。（插画/陈志伟）

头脑发达的头足纲

　　头部有灵活触手的章鱼、乌贼、鱿鱼，以及从远古奥陶纪存活到现在的鹦鹉螺，都属于头足纲动物。它们有着媲美鱼类的中央神经系统，粗大的神经纤维常被当作神经生理学的实验材料，研究也证实，头足类的学习能力与记忆力非常优秀。头足类的眼睛构造和人类相似，具有虹膜、玻璃体等复杂结构，还有可以干扰掠食者追捕的墨汁，这些都使头足纲动物被认为是"最有智慧、进化程度最复杂"的无脊椎动物。

章鱼的神经和肌肉发达，能做出很多精细动作。图中的章鱼只用一只触手，便能捕捉螃蟹。（图片提供/达志影像）

蜗牛如何扭转身体

　　从腹足纲动物的化石推测，蜗牛祖先的头部和尾部原本各在身体两端，背上有层硬壳覆盖，以保护柔软的内脏团。在进化过程中，愈能将身体藏入壳中的蜗牛，被捕食的机会愈低，因此蜗牛的身体逐渐折叠起来，头部、尾部改挤在同一端，接着硬壳也配合身体折叠，隆起成山丘的形状，而且壳口变得愈来愈小。壳和身体为了能紧密连接，进一步互相旋绕，形成螺旋状，最后柔软的内脏团被保护在壳内部，而消化道中的口、肛门，以及呼吸用的肺，则扭转到了壳口。

螺和蜗牛都具有螺旋状的壳，身体可以挤在壳中，只留下小小的壳口让头部伸出来。（图片提供/达志影像）

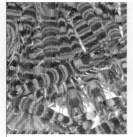

节肢动物

（斑节虾是市场常见的节肢动物）

无论是种类、数量或分布范围，节肢动物都是动物界的第一名。

无所不在的节肢动物

节肢动物是动物世界中最庞大的一个家族，在目前已知的150多万种生物中，节肢动物就占了100万种以上，它们的个体数总和估计高达100万兆只！节肢动物几乎无所不在，不论海洋、陆地、

大部分昆虫都具有头部、胸部和腹部，在胸部背面有两对翅膀，腹面则有6只脚。（摄影/巫红霏）

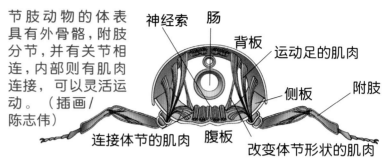

节肢动物的体表具有外骨骼，附肢分节，并有关节相连，内部则有肌肉连接，可以灵活运动。（插画/陈志伟）

神经索　肠　背板　运动足的肌肉　附肢　侧板　连接体节的肌肉　腹板　改变体节形状的肌肉

天空，都是它们的栖息地。

节肢动物和人类生活关系密切。我们常吃的螃蟹、虾，会造成过敏的尘螨，有毒的蜘蛛和蜈蚣，还有形形色色的昆虫，都是节肢动物门的一分子。昆虫纲动物大多生活在陆地，由于具有翅膀，天空也是它们的活动范围；相对地，虾、蟹等甲壳纲动物则多半生活在水中。

分节的附肢

节肢动物的外形差异很大，有水蚤等体长不到1厘米的浮游动物，也有伸长脚可达4米的甘氏巨螯蟹。不过，它

节肢动物的体形差异很大，高脚蟹是其中最大的一类。图为大西洋深海的高脚蟹，体长约2米。（图片提供/达志影像）

节肢动物具有外骨骼，但通常无法随身体生长，因此当身体长到一定大小时，就必须蜕皮，以较大的外骨骼取代旧皮。（图片提供/达志影像）

们都拥有相同的特征，就是身体的体节具有"附肢"；附肢有分节，而且各节之间有关节连接，这也是节肢动物名称的由来。此外，节肢动物的身体也分节，不过有些体节会进一步愈合，如昆虫的身体前、中、后的体节分别愈合成头部、胸部、腹部，而虾、蟹的头部和胸部又愈合成头胸部。

　　节肢动物的头部负责感觉、觅食，头部的附肢特化成触角、口器等构造；胸部主要控制身体运动，胸部的附肢大部分特化成步足；腹部则主管生殖与消化排泄，昆虫腹部的附肢退化消失，在蟹类则特化成交尾器。由于生理功能的集中和分化，增加了节肢动物的生存能力。除了附肢，含有几丁质的外骨骼也是节肢动物的特色。外骨骼能保护身体，避免体内水分散失，并让肌肉附着、协助运动，不过外骨骼也会妨碍生长，所以节肢动物在成长时，会定期蜕皮，长出较大的外骨骼，来容纳长大的身体。

蜈蚣属于唇足纲，第一对足特化成具有毒性的颚足。（图片提供/维基百科，摄影/Fritz Geller-Grimm）

昆虫的翅膀

　　仔细观察昆虫的身体，可以发现在胸部有6只脚、2对翅膀，昆虫的脚具有关节，那翅膀呢？昆虫的两对翅膀是外骨骼延伸形成的，而不是由附肢进化而来，因此不具有关节。同时，昆虫翅膀也没有骨骼、肌肉，只有像支架一样的翅脉，至于控制翅膀的肌肉，则位于昆虫胸部的背侧。

　　大多数的昆虫都具有翅膀，而翅膀的特征是昆虫分类的重要依据。具有坚硬前翅的甲虫属于"鞘翅目"；蛾和蝴蝶等"鳞翅目"昆虫，翅膀具有闪亮的鳞片；蚊子和苍蝇的1对翅膀特化成平衡棍，只留下2个翅膀，因此被分类为"双翅目"。

双翅目的苍蝇只有一对翅膀，另一对则特化为平衡棍（红圈处）。（图片提供/维基百科，摄影/Andre Karwath）

棘皮动物

（阳遂足具有5个腕足）

外表有许多突起的棘皮动物，是完全生活在海中的一门，外表看似低等动物，其实却是脊椎动物的近亲。

独一无二的水管系统

棘皮动物是人类熟悉的海洋无脊椎动物，全世界有不到6000种，其中包括海星、海胆和海参等。大多数较高等的动物都具有头部，身体呈两侧对称，但棘皮动物的身体却属于"五辐对称"。棘皮动物没有头部，这让棘皮动物可以四面八方移动，而不用"向后转"。棘皮动物运动时靠的是独特的"水管系统"。

大多数海星有5只像手又像脚的"腕足"，而里面则有以中心的口为圆心、直达身体边缘的放射状水管系统。靠着水管

海参外表看起来并不像五辐对称的棘皮动物，不过如果仔细数前端口部周围的触手，可以发现数量多为5的倍数。

内液体的压力变化，从水管往体外延伸的管足可以伸长缩短，让棘皮动物移动。管足除了负责运动外，也是棘皮动物呼吸和觅食的利器。捕食蛤类的海星，就是利用管足上的吸盘构造分别吸附两片贝壳，并慢慢扳开双壳，再将胃从口里翻出，伸入壳内消化蛤肉。

棘皮动物的另一个独特构造，是位于皮肤下方的钙质内骨骼。棘皮动物的骨针不会妨碍身体成长，还能特化为棘状突起和刺来保护身体。

海胆大多呈球形。从图中印度-太平洋区的海胆体表可见到5个骨板相连成的外壳。管足由壳中伸出，由于管足具有吸附力，可在珊瑚礁垂直爬行。（图片提供/达志影像）

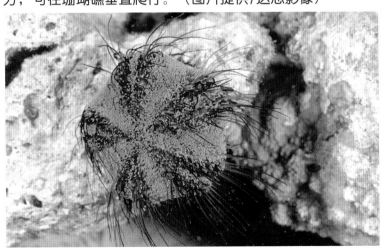

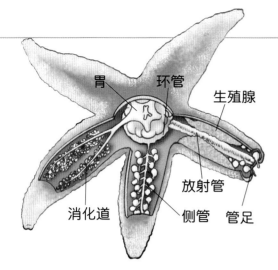

胃　　环管

生殖腺

消化道

放射管

侧管　管足

大部分海星身体是标准的五辐对称，5个腕足具有相同的构造。（插画/陈志伟）

常见的棘皮动物

最具代表性的棘皮动物有3类：一是拥有5或5的倍数腕足的海星；二是呈球形、心形或馒头状，且全身都是棘刺的海胆；三是像一条黄瓜躺在海底的海参。在日本，海胆生殖季时的卵囊、精囊称为"云丹"，是饮食文化的一环；在中国，骨板不发达、身体柔软且含高蛋白质的海参，是珍贵食材。

至于阳遂足（蛇尾纲）和海百合（海百合纲），则是人们较为陌生的两类棘皮动物。阳遂足像海星一样具有5只腕足，但腕足细长，且运动方式像蛇的尾巴，所以西方人称它为蛇尾。海百合是最古老的棘皮动物，其中具有长柄的海百合，通常固着在海底，摇动着像百合花瓣的腕足觅食；此外

海羊齿是没有柄的海百合纲棘皮动物，下方的卷枝可以附着在珊瑚礁上，也可以摆动腕足在海中游泳。

恶行恶状的棘冠海星

1970年左右，闻名世界的澳大利亚大堡礁，有将近1/5的珊瑚遭到不明生物啃食而死。调查后发现：凶手原来是全身布满尖锐毒刺的棘冠海星，它的腕足数目超过10只，一天可吃掉2平方米的珊瑚。在珊瑚礁区棘冠海星的数量，原本受到天敌大法螺的控制，但由于人们过度采集大法螺作为装饰品，让棘冠海星在缺少天敌捕食的情形下，族群量急遽增加，因而危害了珊瑚礁的生存。

棘冠海星是具有多腕足的海星，全身布满棘刺，因看起来像一顶由荆棘编成的帽子而得名。（图片提供/维基百科，摄影/Mila Zinkova）

还有一些无柄的种类，可以自由移动，外形较像古代蕨类植物（又称羊齿）的叶子，所以又被称为海羊齿。

鱼类

（狮子鱼是硬骨鱼，鳍特化为棘刺）

名字有鱼的章鱼、娃娃鱼，其实不是鱼，而名字没鱼的海马，在分类上却是正牌的鱼。究竟拥有哪些特征的动物才是鱼呢？

鱼类身份大认证

全世界的鱼类有2万多种，是脊椎动物中种数最多的一类，它们称霸水世界将近5亿年，主要包括"无颌超纲"中的各种原始鱼类，以及"有颌超纲"中的软骨鱼和硬骨鱼。鱼类是一群生活在水中的动物，它们的共同特征是用鳃呼吸，靠鳍游动，皮肤外有鳞片保护，有着流线型身体，而且体温会随环境变化。

为了适应水中环境，鱼类具有鳃、鳞、鳍三大法宝。鳃像许多薄梳子层层重叠，表面积非常大，能高效率地获得水中氧气；有如屋瓦上层覆

硬骨鱼非常适应水中生活，其中旗鱼的游泳速度很快，时速可达130千米。在美国，钓旗鱼是一项热门的运动。（图片提供/达志影像）

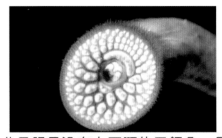

八目鳗是没有上下颚的无颌鱼，圆形的口部具有像锉刀一样的齿，可吸附在大型的鱼类身上吸血。（图片提供/美国环境保护局）

盖下层的鱼鳞，除了保护鱼的身体外，鱼鳞上的侧线还能侦测环境的波动；至于鱼鳍则让鱼类在三度空间的水中保持良好平衡，并能够拨水前进。尾鳍提供了鱼类游泳时主要的推进力，而它的形状会随着运动方式的不同而不同，如游得又快又远的鲔鱼和旗鱼，具有弯月状和叉状的尾鳍；喜欢在海底静止不动的比目鱼，尾鳍则呈菱形或梯形。

软骨鱼类由于没有鳔，不游泳时便会沉到海底。身体扁平的魟鱼进行底栖生活，体色与环境相似。

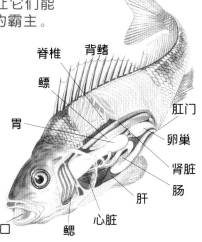

硬骨鱼精密的身体构造，让它们能适应水中环境，成为水中的霸主。
（插画/张启瑄）

脊椎　背鳍
鳔
胃　肛门
卵巢
肾脏
肠
肝
心脏
鳃
口

鱼类家族

盲鳗、八目鳗（七鳃鳗）等在分类上属最原始的无颌鱼，它们的嘴巴像吸盘，没有上下颌。其中盲鳗完全生活在海中，以鱼类或无脊椎动物的尸体为食；八目鳗则生活在海水和淡水，以吸食其他鱼类的血为生。至于嘴巴能活动的有颌鱼，依骨骼钙化程度分成软骨鱼和硬骨鱼。软骨鱼主要有两大类，一类是游泳能力强的鲨鱼（或称为鲛），另一类是长得像风筝的魟鱼（又称鳐或鲼）。

硬骨鱼也分成两大类，一类是分布广泛、种数最多的辐鳍鱼类，它的鱼鳍呈放射状，且可以弯曲；另一类则为肉鳍鱼，有肉质的胸鳍和腹鳍，并由硬骨支撑，可用这4片鳍在水底爬行，由于这种构造，肉鳍鱼被认为是陆上四足动物的始祖。

鲨鱼的生殖

在进化中，软骨鱼属于较原始的鱼类，但其中的鲨鱼却是海洋中最成功的掠食者。鲨鱼具有一些硬骨鱼没有的高等动物特征，最特别的就是繁殖方式。雄鱼具有腹鳍特化成的鳍脚，可将精液注入雌鱼体内，胚胎大多数会在雌鱼体内发育，有些以卵黄当作营养来源，有些则从母体吸收养分。胚胎发育完成后，新生的小鱼就有狩猎能力。狗鲛等少数种类为卵生，胚胎位于强韧的革质卵鞘中，卵鞘有卷须附着在海草上，卵经过6—9个月才孵化。

狗鲛是少数会产卵的鲨鱼，一次可产下10—20个卵鞘，要经过6—9个月才会孵化。（图片提供/达志影像）

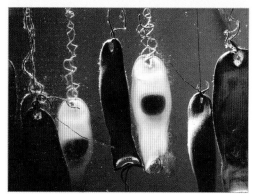

左图：腔棘鱼是一种活化石，胸鳍内有骨头和发达的肌肉。科学家认为，这种构造是陆生脊椎动物四肢的进化来源。（图片提供/达志影像）

两栖类

（蝾螈的幼体以鳃呼吸，图片提供/维基百科）

　　除了青蛙、蟾蜍（蛤蟆）等常见的两栖类，蝾螈、娃娃鱼、山椒鱼等，也是这群水陆两栖的娇客之一。

进化上的转折点

　　全世界约有4,000种两栖类动物，大多数生活在陆地较潮湿的环境，从它们的生活史，可了解动物从水中进化到陆地生活的辛苦历程。两栖类的幼体以鳃呼吸，所以它们的幼年几乎在水中度过，成体多半改由肺呼吸。

　　肺的出现虽然让两栖类的生活范围不再局限在水里，然而肺的功能尚不健全，所需氧气有40%靠

火蝾是欧洲最常见的蝾螈，喜欢藏身在枯木中，常从起火的枯木中跑出来，因此被认为是火的象征。（图片提供/维基百科，摄影/Miaow Miaow）

雄蛙抱住雌蛙进行假交配，雌蛙排卵，雄蛙排出精液，精子与卵子在水中自然受精。两栖类的卵没有卵壳，必须在水中产卵，蝌蚪也在水中成长。（图片提供/达志影像）

皮肤吸收。为了顺利交换气体，两栖类的皮肤薄而湿润，无法防止水分丧失，使得两栖类的成体不能离水太远，也无法在干燥环境中生活。

　　两栖类不像鱼类能悠游在水域中，也不像爬行类能适应缺水的环境，身为鱼类进化到爬行类的中间环节，两栖类有着特别的过渡性质。它们生活在水域与陆地之间，且缺少坚硬的外表保护，

成为各类脊椎动物中相对弱小的一群。

两栖类家族的分类

两栖类的原意是"两种生活形态的动物"，但目前三大类中，只有无尾目的青蛙、蟾蜍等，幼体与成体有明显不同的外观与生活方式。无尾目的动物在蝌蚪变态成为成体后，原本用来游泳的尾巴，会分解消失。青蛙、蟾蜍有着强壮、适合跳跃的后肢，有些还具有保护色和毒腺，是目前种类最多、适应环境最广的两栖类动物。

娃娃鱼（又称鲵）、山椒鱼、蝾螈都属于有尾目，幼体和成体长得很像，都有尾巴，主要分布在北半球的潮湿环境中，喜欢在水中石头下活动。娃娃鱼因叫声像婴儿哭声而得名，而山椒鱼的名字则来自和山椒气味相似的体味。

至于分类上属于无足目的蚓螈，由于没有四肢，大部分看起来像蚯蚓，但也有长达1米以上，看起来像蛇的蚓螈。蚓螈只分布在热带森林，生活在潮湿疏松的土中，筑穴而居。

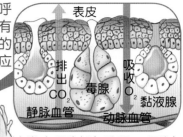

蝌蚪以鳃呼吸，并具有能够游泳的尾，以适应水中生活。

蛙类主要以肺呼吸，不过肺的功能不完全，仍有40%的空气交换需靠皮肤。上图为有毒蛙类的皮肤构造。（插画/陈志伟）

环境破坏的生物指标

多数两栖类动物的受精卵和幼体（蝌蚪），都直接暴露在水中，而成体单薄的皮肤，对外界环境劣化的抵抗能力也非常有限，因此只要空气和水的含氧量、酸碱值、重金属离子浓度、各类化学污染物质含量有所变化，两栖类动物的存活就会受到严重的影响。另外，由于两栖类的移动能力不强，一旦栖地消失或被道路切割时，它们也可能完全灭绝，因此是环境破坏的重要指标。

蚓螈是两栖类中种类最少的一目，约有180种，四肢完全退化。（图片提供/达志影像）

许多蛙类的皮肤具有毒腺，以防止天敌猎捕。南美的黄金箭毒蛙毒素很强，当地原住民利用它的毒性来制造毒箭。（图片提供/达志影像）

（陆龟）

爬行类

爬行类算是最早出现的真正陆生的脊椎动物，其他陆生脊椎动物都是由爬行类进化而来的。

鳄目、有鳞目和龟鳖目的皮肤，虽然外表看起来差异很大，但都具有相同的构造（右下）。皮肤分为表皮层和真皮层，角质的鳞片位于表皮层，可防止体内水分散失。（插画/陈志伟）

全副武装的陆地动物

由于最早适应陆地的环境，爬行类在中生代曾经是地球上最繁盛的一群，占有水陆各种栖地，但现在全世界的爬行类大约只有6,000种，外形大多与它们1—2亿年前的祖先相近。爬行类有各种适应陆地环境的构造，其中最重要的应是布满全身的鳞片。爬行类的鳞片是由皮肤内增厚的角质构成的，

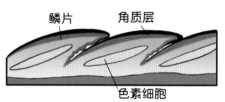
鳞片　　角质层
色素细胞

由于不透水，使爬行类在干旱的陆地也能保持身体的水分，而坚硬的鳞片还具有保护作用，减少被捕食。

此外，爬行类的"羊膜卵"让它们可以完全离开对水域的依赖，而不像两栖类繁殖时必须回到水中产卵。羊膜卵可将胚胎包裹在充满羊水的羊膜中，再加上外部具有革质或钙质的卵壳，让胚胎在干燥的环境中也能保持水分。由于必须事先将受精卵包裹起来，因此陆生动物行体内受精，繁殖行为也大为改变。

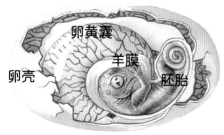
卵黄囊
羊膜
卵壳　　胚胎

大多数爬行类的卵具有革质的卵壳，可以防止水分散失，胚胎则在充满水的羊膜中发育，并有卵黄囊提供胚胎发育所需的营养。（插画/张启璀）

古老的爬行家族

现生的爬行类主要分为水生的龟鳖目和大多生活在陆地的有鳞目。其中

龟鳖目包括了乌龟和鳖，这类动物具有由骨骼特化成的外壳，可以保护身体内部的构造，遇到危险时还可将头和四肢缩到壳中。

由于龟壳厚重，大多数龟鳖都生活在水中，以水的浮力减轻身体负担，只有陆龟生活在陆地。不过，爬行类的卵必须在陆地孵化，因此水生的龟鳖还是会登陆产卵。

有鳞目是人们较熟悉的爬行动物，其中最常见的就是四脚着地的蜥蜴，以及没有脚的蛇。蜥蜴是种类最多的爬行类，生活在陆地上的各种环境，有些还特化出滑翔或爬墙的脚，大部分以猎食昆虫等小型动物为食。蛇虽然没有脚，但是特别的爬行能力让它的行动非常敏捷，是有效率的掠食者。至于鳄鱼，种类虽然不多，但强而有力的颚让它成为水中最强悍的杀手。

蛇虽然没有四肢，但却能够灵活运动。即使在沙地上，有些蛇也可以靠侧进的方式移动。（图片提供/达志影像）

爬行类如何决定性别

在一般印象中，胎儿的性别由父母双方的染色体（遗传基因）决定。不过对于许多卵生的爬行类动物却不是这样，它们的卵在孵化过程中，环境温度的高低会决定受精卵的性别。例如大部分的金龟卵在高温时，会发育成雌龟；在低温时，则发育成雄龟。由于中生代时曾经发生严重的气候变化，这种由环境温度决定子代性别的现象，也被一些古生物学家认为是造成恐龙灭亡的原因之一。

鳄鱼子代的性别都是由环境温度决定的，当孵化温度低于30℃时，全是雌鳄，温度高于34℃时则全为雄鳄。（图片提供/达志影像）

左图：飞行壁虎是树栖的夜行爬行动物，分布在东南亚雨林中，头部后方、脚趾、尾侧、四肢和体侧都有发达皮膜，可在树与树之间滑翔。（图片提供/达志影像）

（公鸡，摄影/巫红霏）

鸟类

节肢动物中的昆虫和哺乳动物中的蝙蝠，都是能够飞行的动物。但只有鸟类在飞行的进化路上，被彻底地打造成了"飞行机器"。

鸟类的飞行配备

鸟类是所有脊椎动物中最容易辨认的一群，一对翅膀、一双脚、全身覆满羽毛、没有牙齿的喙，这些是鸟类的共同特征。

为了适应飞行，鸟类有许多特别的身体构造，其中最重要的装备就是身上的翅膀。鸟类的翅膀是由爬行类的前肢进化而来，并有强壮的胸肌可拍动翅

游隼是飞行速度最快的鸟类，可在高空中盘旋飞行，再以极快的速度向下俯冲，捕捉猎物。（图片提供/达志影像）

膀；翅膀上面覆满由鳞片进化而来的羽毛，可精确地控制气流；再加上可用来维持飞行平衡的短尾羽，让鸟类成为飞行高手。

由于飞行是耗能而复杂的动作，鸟类从爬行类的变温动物转变成恒温动物，以加速身体新

鸟类具有轻而强韧的骨骼、发达的肌肉，以及鼓动空气的羽毛，因此成为动物界中的飞行高手。（插画/张启璀）

骨骼中空减轻重量，并有骨柱增加支撑。

飞羽的两侧羽枝不对称，前端较窄，后端较宽。

小羽枝钩连成细网，使空气无法穿过。

腹部的体羽主要功能是保暖。

胸骨的龙骨突起，让拍翅的肌肉附着。

鸟适应不同的飞行方式而有不同的翅膀形状。

鹬鸟的翅膀让它们能进行长距离的迁移。

鹊鸟的翅膀小，适合在浓密的林间穿梭。

信天翁长而窄的翅膀适合在空中滑翔。

雁宽大的翅膀有利于由水面上拍翅起飞。

雉鸡的翅膀宽大，可用于垂直起飞避敌。

燕子窄小的翅膀非常灵活，让它们可以在空中捕捉飞虫。

鹰长而宽大的翅膀不仅可以滑翔，还能拍击猎物。

陈代谢的速度。此外，鸟类还有特别发达的视觉和小脑来掌握飞行时外界环境的状况，并协调全身肌肉与骨骼。最后，鸟类为了减少地心引力对飞行的负担，许多器官都尽量精简、轻量化，例如中空的骨骼、肺有气囊、没有膀胱、只有一侧卵巢等。

陆海空鸟族

现在全世界的鸟类约有1万多种，分布在地球各种环境中。其中有些种类放弃飞行生活，改为以双脚奔跑，如体形巨大的鸵鸟、鸸鹋、食火鸡，以及新西兰的国鸟奇异鸟（又叫鹬鸵）。由于不飞行，它们的胸骨扁平、胸肌也不发达，因此称为平胸类。至于生活在海中的企鹅，虽然不振翅飞行，但翅膀特化，用来划水前进，因此具有发达

鸵鸟等不会飞的鸟类翅膀退化，连带的用来拍翅的肌肉也退化，胸骨的龙骨变小，因此被称为平胸鸟。

的胸肌和突出的胸骨，分类上和会飞的鸟同属于突胸类。

大多数鸟类都能飞行，并以不同形态的翅膀适应环境。鹰、隼等鹫鹰科能灵活、高速飞行，甚至能在空中猎捕其他鸟类；雁鸭等水鸟可浮在水面上，并直接从水中起飞，同时具有长距离飞行迁徙的习性；在海面觅食的海鸟，在岛屿、海岸繁殖的信天翁、军舰鸟等，都可以长时间飞行而不落地；栖息在山林间的鹊鸟则习惯短距离飞行，起落很灵巧。

绚丽的求偶行为

每当繁殖季节一到，大多数雄鸟除了会换上鲜艳的羽毛来吸引雌鸟，有些雄鸟还有各种求偶行为。例如雄织巢鸟筑巢，雄隼空中俯冲翻筋斗，雄孔雀开屏，雄天堂鸟跳舞，雄园丁鸟捡拾鲜艳的物品布置交配场所等。这些五花八门的求偶行为，目的就是让雌鸟认定雄鸟身体健壮，有良好的觅食能力，雌鸟完成选择后，雄鸟才能取得交配的权利。由于鸟类的繁殖育幼工作非常繁重，许多种类都是雌鸟和雄鸟共同哺育下一代。

每种鸟类的求偶方式不同，求偶仪式常有展示身体健康状况的意义。

哺乳类

（人与狗都是哺乳动物）

跑得最快的猎豹，体形最大的蓝鲸，长得最高的长颈鹿，以及自称为万物之灵的人类，都是哺乳类的一分子。为什么哺乳类能够成为动物世界中的佼佼者？

照顾后代最用心

哺乳类顾名思义，是一群以乳汁哺育幼儿的动物，全世界大约只有4,000多种，却占有地球上大半的栖地。哺乳类能够繁盛，与它们对下一代的照顾有关。

大部分的雌性哺乳类，具有动物世界中独一无二的胎盘，能将养分传给子宫中的受精卵。胎儿

为了让下一代得到更完整的营养，哺乳动物的母亲会分泌乳汁，供新生的幼儿吸食。（摄影/巫红霏）

从牙齿认识哺乳动物

在电影中，法医鉴定死者身份时，牙齿常是重要的线索之一；对于其他哺乳动物来说，牙齿也是常用的辨认依据。由于每种哺乳类的食性不同，门齿、犬齿和臼齿3类牙齿的

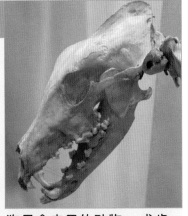

狗是食肉目的动物，犬齿发达，臼齿特化成锐利的裂齿。（图片提供/达志影像）

数量都不相同，因此科学家常用齿式作为辨认种类的依据。例如牛的齿式，是0·0·3·3/3·1·3·3，意思是牛的上颚没有门齿和犬齿，每侧各有3颗前臼齿、3颗臼齿，而牛的下颚每侧则各有3颗门齿、1颗犬齿、3颗前臼齿、3颗臼齿，故牛的嘴里总共有32颗牙齿。此外，坚硬的牙齿最有机会形成化石，因此也成为古生物研究的重要依据。

出生后，哺乳动物再以特有的乳腺分泌乳汁，喂食幼儿。哺乳类的父母会长期喂养、保护幼儿，幼儿也可学习父母的行为，加强自己的谋生

卵巢
子宫
产道

雌袋鼠的子宫没有胎盘，因此胎儿无法在母体内久留，大约40天就出生了。（摄影/巫红霏）

能力。哺乳动物投资了最多的能量在生殖、育幼上，虽然哺乳动物生下的子代不多，但子代的存活率，却是脊椎动物中最高的。

除了生殖构造外，哺乳类还进化出不同形状的牙齿，让它们能有效率地摄取食物。哺乳类的牙齿，大致可分成门齿、犬齿和臼齿，食性不同的动物，3种牙齿的比例有所不同。至于哺乳类身体表面覆盖由鳞片进化而成的毛发，有保温、隔热的功能，像在零下温度生存的北极熊，就是用毛发保持体温，减少能量的散失。

针鼹属于单孔类，是会产卵的哺乳动物。针鼹的主食是白蚁和蚯蚓，没有牙齿，以牙床的突起研磨食物。（图片提供/达志影像）

哺乳类家族的分类

依据胎盘的有无和子代发育的方式，哺乳类动物可分成三大群。原兽包括鸭嘴兽和针鼹，它们没有胎盘，子代以卵生的方式生出。由于尿道、直肠、生殖道都用共同的开口，所以又叫单孔类。

有袋类大多分布在澳大利亚，少数在美洲。弗吉尼亚负鼠是美洲最大的有袋类，最多一胎可生18只，但只有13个乳头，因母鼠会背负幼鼠而得名。（图片提供/达志影像）

后兽类包括袋鼠、无尾熊、负鼠等，这类动物母体的胎盘相当原始，传送养分有限，所以胎儿出生后，需自行爬入母亲的育儿袋内，持续吸收乳汁的营养成长。独特的育儿袋构造，让后兽类又被称为有袋类。

真兽类拥有发育良好的胎盘，所以出生的幼儿发育最完全，存活率也最高。无论天空飞的蝙蝠，水里游的鲸豚，陆地活动的牛、马、狮、鼠，还是靠着智慧遍布全世界的人类，都属于真兽类。

新种的发现与鉴定

（蝴蝶标本，摄影/巫红霏）

科学家推测人类已知的动物只有全世界物种的1/10，当人们发现、鉴定出一种不为人知的动物，便是出现一个新种。

新种的出现

达尔文的进化论认为，个体间有不同的变异，经过适者生存的自然淘汰，并逐渐累积变异到一定的程度后，新种便产生了。由于地球经历过地理、气候等环境的大变化，经常有物种因无法适应环境而灭绝，同时也不断有适应新环境的物种出现，动物出现在地球上6亿年后，进化出现在多彩多姿的动物世界。

在国际的生物期刊上，经常可以看到上面刊登了科学家发表的新种，也就是新发现的物种。这

科学家在加里曼丹岛沼泽发现最小的鱼，成鱼体长只有7.9毫米，是2006年才被发现命名的新种。（图片提供/达志影像）

些新种有部分是因为与人类生活没什么关系，在缺乏研究下没有被鉴定出来，科学家推测全世界约有1000多万种无脊椎动物有待鉴定。线虫可能是动物界最大的一门，但只被鉴定出2万种。

有些动物因为分布范围小、数量少、生活习性隐秘而未被发现，如热带雨林的树蛙。此外，还有一些动物原本被认为是其他物种，在新的鉴定技术和研究资料的补充之下，重新被命名为

标本的收集有助于比对物种，有时候同一种昆虫也有各种不同的大小和颜色。图为法国汤普森的甲虫标本收藏。（图片提供/达志影像）

新种，如加里曼丹岛云豹原被认为是亚洲云豹的亚种，经DNA检测后，独立成为新的物种。

模式标本

当科学家采集到标本时，首先要核对资料文献和现有的标本，以确定标本的学名。如果在核对过程中发现是新种，还要在期刊上发表，才算正式确认。在新种发表时，文章必须详细描述该标本的形态特征，通常还要附上插图，并指明标本存放的标本馆，而发表时所用的标本就称为模式标本。这份标本必须永久保存，当辨识有争议时，就要重新核对模式标本，以厘清发表者的描述是否正确。由于模式标本在学术上非常重要，也常是博物馆、标本馆的珍贵收藏。由大英博物馆独立出来的伦敦自然史博物馆拥有全世界最丰富的模式标本收藏，其中一些标本保存已超过300年了。

右图：帝雉是少数仅凭尾羽就鉴定出来的新种，起初没有完整的标本，在定名时使用了错误的属名。（图片提供/廖泰基工作室）

动物的DNA会产生突变，检测两个物种DNA的差异，也是鉴定新种的方法之一。（图片提供/达志影像）

鉴定的方法

1906年，英国的鸟类学家在台湾阿里山地区少数民族的头上发现两根雉鸡的长尾羽，带回英国后经分类学家比对，认为是一个新种，并将它命名为帝雉，后来终于采集到活的帝雉，经研究发现原定的属名错误，于是重新命名为黑长尾雉。从这里，可了解一个新种确立的过程。

首先需采集动物的标本，然后比对和其他类似物种的差异，并确定它不是已知的物种。早期标本大多数以形态来鉴定，现在也可由DNA的差异来判断。如果鉴定结果确认标本与现有物种不同，便可称为新种，这时科学家就可以为它命名，其中种名可以根据发现地、主要特征或发现者来定名。

右图：伦敦自然史博物馆拥有全世界最丰富的标本收藏，以供全世界的学者进行分类、进化研究。（图片提供/达志影像）

英语关键词

界	kingdom
门	phylum
纲	class
目	order
科	family
属	genus
种	species

原核生物　prokaryote

原生生物　protista

菌类　fungus

动物　animal

植物　plant

多孔动物门　Porifera

腔肠动物门　Cnidaria

扁形动物门　Platyhelminthes

软体动物门　Mollusca

环节动物门　Annelida

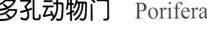
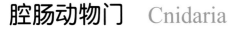

节肢动物门　Arthropoda

棘皮动物门　Echinodermata

脊索动物门　Chordata

脊椎动物　vertebrate

鱼类　fish

两栖　amphibian

爬行类　reptile

鸟类　bird

哺乳类　mammal

软骨鱼　cartilaginous fish

硬骨鱼　bony fish

平胸鸟　paleognath

突胸鸟　neognath

单孔类　monotreme mammal

有袋类　marsupial mammal

胎盘类　placental mammal

海绵　sponge

珊瑚　coral

海葵　anemone

水母　jellyfish

涡虫　flatworm

双壳贝　bivalve

蜗牛　snail

蛞蝓　slug

章鱼　octopus

蚯蚓　earthworm

沙蚕　lobworm

管虫　tubeworm

蜘蛛　spider

虾　shirmp

蟹　crab

昆虫　insect

海星　starfish

海胆　sea urchin

海参　sea cucumber

鲨鱼　shark

魟鱼　ray

蝾螈　salamander

鳄鱼　crocodile

乌龟　turtle

蜥蜴　lizard

鸵鸟　ostrich

企鹅　penguin

针鼹　echidna

袋鼠　kangaroo

触手　tentacle

附肢　appendage

鳃　gill

肺　lung

鳞片　scale

胎盘　placenta

新视野学习单

1 关于动物的叙述哪些是正确的? （多选）

　　1.体内有神经细胞接受环境刺激。

　　2.细胞具有可进行光合作用的叶绿素。

　　3.全都有脚，可以自由移动。

　　4.进行异养生活。

　　5.大多只能在陆地生活。

（答案在06—07页）

2 请写出家猫的分类地位。家猫属于:

　　_____界_____门_____纲_____目

　　_____科_____属_____种

（答案在08—09页）

3 下面哪些动物是脊椎动物? 哪些是无脊椎动物?

　　脊椎动物填1，无脊椎动物填2。

海绵_____	鸵鸟_____	龙虾_____	珊瑚_____
旗鱼_____	蚂蚁_____	海鞘_____	章鱼_____
大象_____	乌龟_____	蚯蟥_____	涡虫_____
蚯蚓_____	海星_____	鲨鱼_____	老鼠_____
蜗牛_____	蛇_____		

（答案在10—11页）

4 连连看，请将无脊椎动物的门和重要特征连起来。

多孔动物门·　　　　·具有外套膜可分泌壳

腔肠动物门·　　　　·附肢分节，具有几丁质外骨骼

环节动物门·　　　　·体壁有许多过滤食物的孔洞

软体动物门·　　　　·具有刺细胞

节肢动物门·　　　　·以管足运动

棘皮动物门·　　　　·具有体环和分节的身体

（答案在12—21页）

5 动物进化过程中，以下构造是哪类动物最早拥有的?

　　头部: _____　　多细胞构造: _____

四肢：_____   身体分节：_____   脊椎：_____
（答案在10—11、14—15、22—27页）

6 哪些是鱼类适应水域环境的构造？（多选）
　1.具有可呼吸水中氧气的鳃。
　2.流线型的身体可减少游泳时的阻力。
　3.具有毛发，可增加身体的浮力。
　4.身体的鱼鳍可划水前进。
　　　　　（答案在26—27页）

7 两栖类、爬行类、鸟类和哺乳类合称四足动物，每一类各有
　什么重要特征？

两栖类 ·　　　　　· 喙没有牙齿、身体覆盖羽毛
爬行类 ·　　　　　· 母体具有乳腺，分泌乳汁喂养新生儿
　鸟类 ·　　　　　· 体表有防水的鳞片
哺乳类 ·　　　　　· 皮肤具有黏液腺，以保持体表湿润
　　　　　（答案在22—31页）

8 在脊椎动物中，有哪两类属于恒温动物？各具有什么构造来
　保持身体恒温？

_____

_____
（答案在28—31页）

9 昆虫、鸟类和哺乳类的蝙蝠都能飞行，它们的飞行方式有什
　么不同？

昆虫的翅膀是由_____构成，以_____的肌肉拍动翅膀。
鸟类的翅膀是由_____构成，以_____的肌肉拍动翅膀。
蝙蝠的翅膀是由_____构成，以_____的肌肉拍动翅膀。
　　　　　（答案在18—19、28—31页）

10 关于新种的描述，对的打○，错的打×。
（　）新种的种名通常根据发现时间来定名。
（　）新种定名后就不能再改变了。
（　）发现新种一定要在期刊上发表。
（　）以人工育种交配出新品种的宠物，就是一个新种。
（　）发表新种所描述的标本称为模式标本。
　　　　　（答案在32—33页）

■ 我想知道……

这里有30个有意思的问题，请你沿着格子前进，找出答案，你将会有意想不到的惊喜哦！

开始！

动物和植物有什么不同？
P.06

就现在已知的物种，哪一门的物种最多？
P.08

不同品在分类是同一

圆圆的海胆怎么行走？
P.20

软骨鱼和硬骨鱼有什么不同？
P.23

鲨鱼如何繁殖？
P.23

太棒赢得金牌。

海参是五辐对称吗？
P.20

世界上最小的鱼生活在什么地方？
P.32

什么是新种？
P.32

哪个博物馆收藏的模式标本最多？
P.33

蜘蛛为什么要蜕皮？
P.19

袋鼠的育儿袋有什么功能？
P.30

哪种哺乳动物会生蛋？
P.31

颁发洲金

太厉害了，非洲金牌也是你的！

昆虫的翅膀是不是附肢？
P.19

体形最大的节肢动物是哪一种？
P.18

最聪明的无脊椎动物是哪一种？
P.17

乌贼和什么不

种的猫
上是不
种？

P.08

分类层级中最小
单位是什么？

P.08

什么是构造最简单
的动物？

P.10

不错哦，你已前
进5格。送你一
块亚洲金牌！

文昌鱼算是鱼吗？

P.11

了，
美洲

哪种鱼是四足动
物的始祖？

P.23

箭毒蛙的毒腺
在哪里？

P.25

海绵为什么能吸水？

P.12

太好了！
你是不是觉得：
Open a Book！
Open the World！

爬行类的体表有
什么防水构造？

P.26

海绵怎样吃东西？

P.12

大洋
牌。

哪些鸟不会飞？

P.29

为什么鸟的身
体特别轻？

P.28

涡虫的头部有什么
功能？

P.14

章鱼有
？

蛤蜊用什么构
造摄食？

P.16

获得欧洲金
牌一枚，请
继续加油！

蚯蚓以什么为食？

P.15

16

图书在版编目（CIP）数据

动物世界：大字版 / 吴逸华，巫红霏撰文．—北京：中国盲文
出版社，2014.5
　　（新视野学习百科；17）
　　ISBN 978-7-5002-5020-3

　　Ⅰ．①动… Ⅱ．①吴… ②巫… Ⅲ．①动物—青少年读物
Ⅳ．①Q95-49

中国版本图书馆 CIP 数据核字 (2014) 第 052638 号

　　原出版者：暢談國際文化事業股份有限公司
　　著作权合同登记号 图字：01-2014-2142 号

动 物 世 界

撰　　　文：吴逸华　　巫红霏
审　　　订：李玲玲
责任编辑：王丽丽
出版发行：中国盲文出版社
社　　　址：北京市西城区太平街甲 6 号
邮政编码：100050
印　　　刷：北京盛通印刷股份有限公司
经　　　销：新华书店
开　　　本：889×1194　　1/16
字　　　数：33 千字
印　　　张：2.5
版　　　次：2014 年 12 月第 1 版　　2014 年 12 月第 1 次印刷
书　　　号：ISBN 978-7-5002-5020-3/Q·11
定　　　价：16.00 元
销售热线：　(010) 83190288 83190292　　　　　　　版权所有　侵权必究
